安全確認ポ

工作・加工機械の災害の防止

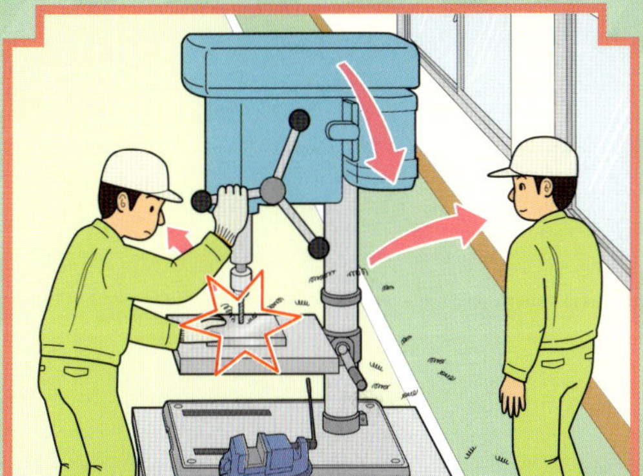

中央労働災害防止協会

序

　プレス機械や研削盤（グラインダ）等の工作・加工機械は、さまざまな材質の材料を加工するものです。部品や部材、製品を作り出し、わが国のものづくり産業の発展に多大に寄与しています。

　これらの機械は多くの事業場で使用されているため、身近なものとなっていますが、一方で、機械による重篤な労働災害が後を絶ちません。**工作・加工機械の作業点や動力伝導機構**でのはさまれ・巻き込まれや、切れ・こすれによるものがその大半を占めており、災害が多数発生しています。さらに、飛来・落下、激突されなどの災害の発生もみられます。こうした災害を防止するには、まず、**どこに危険源があるかを特定し、具体的な対策を講じる**ことが必要です。

　本書では、工作・加工機械作業を安全に行うための基本的な知識から実務上の**留意事項**までを紹介し、また、災害事例をもとに**各機械特有の危険性や安全対策**についても解説しました。

　本書をポケットブックとしていつも携行いただき、作業時、作業開始前の点検時に活用することはもとより、現場の**職場巡視等の際のチェックリスト**として、また**リスクアセスメントで活用**ください。**工作・加工機械による災害防止**にお役に立てれば幸いです。

－ご安全に！－

中央労働災害防止協会

目 次

I 工作・加工機械の基本的な知識
A 本書で対象とする工作・加工機械の種類 ･･･････2
B 機械作業の危険性 ･････････････････････5
C 機械の安全対策の基本 ･･････････････････6
D 機械作業の安全対策：共通事項 ･･･････････8

II 災害事例と対策
E 中型旋盤の災害と対策 ･････････････････10
F 卓上ボール盤の災害と対策 ･････････････12
G フライス盤の災害と対策 ･････････････････14
H ロール機の災害と対策 ･････････････････15
I 小型プレス機械の災害と対策 ･････････････16
J 両頭グラインダの災害と対策 ･････････････18
K 携帯用グラインダの災害と対策 ･･･････････20
L 高速切断機の災害と対策 ･･･････････････21
M 中型バンドソーの災害と対策 ･････････････22
N 携帯用丸のこ盤の災害と対策 ･････････････23

III 資料編
O 機械に関わる主な安衛則 ･･･････････････24

※労働安全衛生法は「安衛法」、
労働安全衛生規則は「安衛則」と表記

I 工作・加工機械の基本的な知識

A 本書で対象とする工作・加工機械の種類

(1) 工作・加工機械について
　工作・加工機械は、切削・研削などにより材料の不要な部分を取り除き、**有用な形状にしていくもの**である。加工物の材料によって、金属用・木材用・プラスチック用・石材用・紙加工用などに分類され、あるいは設置場所によって床上式・卓上式などに分類される。
　本書では、これらのうち**使用数が多く**、かつ、災害が多い下記の機械を取り上げる。

電動工具（電気ドリル）
手で保持

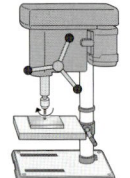
工作機械（卓上ボール盤）
加工物と工具を機械的に保持

工具と工作機械の違い

普通旋盤
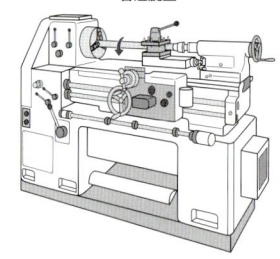

(a) 旋　盤
　加工物を回転させ、固定した刃物で外丸削り・中ぐり・突切り・正面削り・ねじ切りなどの加工を行う。

卓上ボール盤
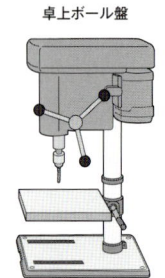

(b) ボール盤
　ドリルを回転させて加工物に切り込み、穴開けを行う。
　直立ボール盤：
　　床上に固定して使用
　卓上ボール盤：
　　作業台上に固定して使用

(c) フライス盤
フライスを使用して平面削り、みぞ削りなどの加工を行う。フライスとは回転する切削工具で、回転軸先端に構成された複数の切刃で加工物を削る。

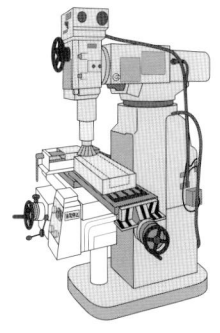

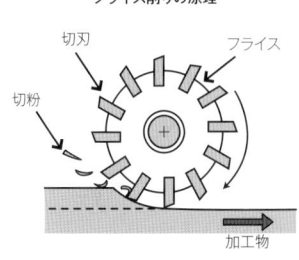

フライス削りの原理

(d) ロール機
加工物を**2つの近接したロールの間に送給**して圧延、成形、つや出し、乾燥、印刷、混合などを行う。
ゴム・ゴム化合物・合成樹脂を練るロール機のほか、紙・布・金属箔などを通すロール機がある。

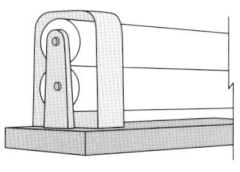

(e) プレス機械
2個以上の対をなす工具（金型等）の間に加工物を置いて、金型等で加工物に強い力を加えることにより成形加工（打ち抜き、絞り、曲げなど）を行う。

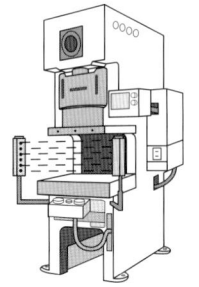

(f) 研削盤（グラインダ）
円形の研削といしをモーターで回転させ、これに加工物を当てて**表面の研削や切断**を行う。

①両頭グラインダ
ワークレストを利用して加工物を安定保持し、**研削といしで表面の研削**を行う。両側にあるといしは、それぞれ粒度の異なるものを装着するのが一般的である。

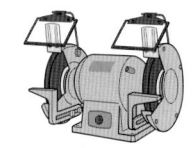

②携帯用グラインダ
本体を手に持って、加工物に研削といしを押し当てて**表面の研削**を行う。

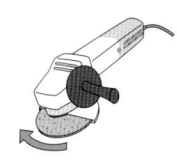

③高速切断機
薄手で大径の切断といしで小断面の**パイプ・アングル等の切断**を行う。補助ローラと組み合わせれば、長物も切断できる。

(g) バンドソー（帯のこ盤）
輪にした帯状ののこ歯を高速回転させ、木材・金属・冷凍肉等の切断を行う。

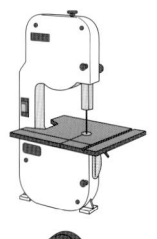

(h) 携帯用丸のこ盤
本体を両手で保持し、**円盤状の回転刃**を木材等に押し当てて切断を行う。

B　機械作業の危険性

機械の作業点（刃物の回転部分・往復運動部分等）と**動力伝導機構**（歯車・ベルト等）に身体の一部が入る場合に発生する機械的危険が最も一般的。

【機械的危険源の具体例】

〔1〕はさまれ　　　　　　〔2〕巻き込まれ
(a)プレス機械　　(b)歯車の伝導機構　(c)ベルトの伝導機構

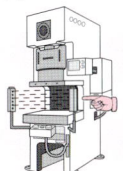
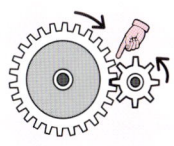
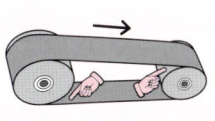

(d)鎖（チェーン）の伝導機構　(e)ボール盤　(f)ロール機械

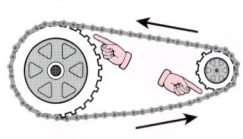
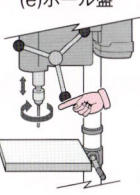
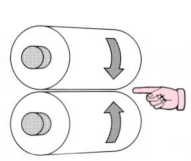

〔3〕有害物との接触　　　　〔4〕切れ・こすれ
(g)両頭グラインダ　(h)携帯用グラインダ　(i)バンドソー

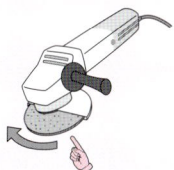
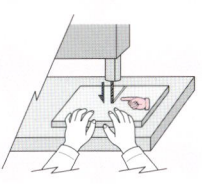

C　機械の安全対策の基本

☆機械安全は、設備（物）対策が最優先

(1) 安全対策

安全度　高→低

指の場合:最小すきま25mm

① **危険源をなくす（安全間隔等）**
はさまれても押しつぶされない間隔を機械の作動部分に設けるなど。接近作業時、作動速度を遅くすることが望ましい。

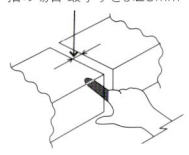

② **隔離方式**
機械の**危険な部分、または全体を囲んでしまうもの**。
開けると機械が停止するインターロック付きが望ましい。

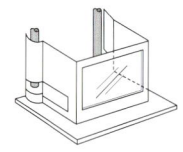

感知→自動停止

③ **自動停止方式**
人が近づくのを**感知**、または人が近づく**動作により機械が停止**する。

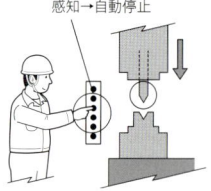

④ **操作方式**
危険な時は**人が操作して機械を停止**させる。

⑤ **標識・表示・警報**
危険部分に赤色・黄色などの目印をつけ危険を認識させるもの。人の注意力に依存。

※安全衛生実践シリーズ　なくそう！はさまれ・巻き込まれ
（中災防）より引用・一部修正

☆安全度が高い事項から順に考えて、①〜③を実施したうえ、バックアップとして④、⑤を施しましょう。

☆安全装置も、故障・劣化・さび等で機能不良が発生するので、定期的な安全点検と機械の整備で、正常状態を維持しましょう。

(2) 隔離方式の具体例

(a) 覆い（カバー）

危険な部分への人の接触・接近の防止、加工物や工具の飛来・落下による危険の防止などのために、物体の**全部あるいは一部を覆う**。回転物では覆いの上や横に**回転方向を表示**すれば危険源が特定できる。

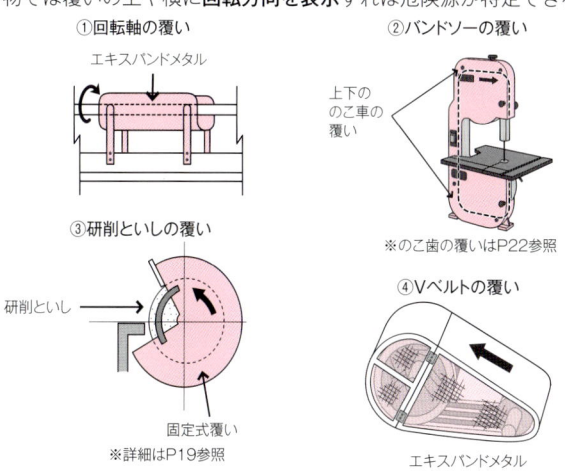

①回転軸の覆い
エキスパンドメタル

②バンドソーの覆い
上下ののこ車の覆い
※のこ歯の覆いはP22参照

③研削といしの覆い
研削といし
固定式覆い
※詳細はP19参照

④Vベルトの覆い
エキスパンドメタル

(b) 囲い、柵（フェンス）

一定の範囲を、板状や棒状の部品を用いて**隔離する**もの。作業性や視界などの確保のために、高さを制限したりすきまを設けたりする場合は、すきま等から身体が危険区域に届かないように囲い・柵から機械まで**安全距離**（P8の表1、表2）を確保する。

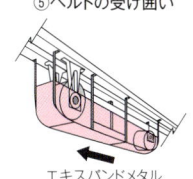

⑤ベルトの受け囲い
エキスパンドメタル

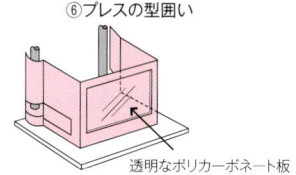

⑥プレスの型囲い
透明なポリカーボネート板

表1　上肢による到達を防止するための安全距離の例

単位 mm

人体部位	図示	開口部	安全距離Sr 長方形
指先		e≦4	≧2
		4<e≦6	≧10
腕 (指先から肩の付け根まで)		30<e≦40	≧850
		40<e≦120	≧850

表2　下肢による到達を防止するための安全距離の例

単位 mm

下肢の部位	図示	開口部	安全距離Sr 長方形
つま先 足の指		e≦5	0
		5<e≦15	≧10
		15<e≦35	≧80
脚 (つま先から股まで)		95<e≦180	≧1100
		180<e≦240	許容不可

※安全距離は、JIS B 9718:2013 で規定

D　機械作業の安全対策：共通事項

(1) 機械の受電は壁面・機械上部の**コンセントからの直接受電を基本**とする。
　※**コードを巻いた状態のコードリール・タコ足配線および床面へのコード引回しは厳禁**
(2) 卓上式機械は**作業台にボルトで固定**
(3) 作業領域の**適正な照度の確保**
　（例：精密な機械加工 500lx を維持）
(4) 非常停止ボタン（**黄色地に大型の赤色ボタン**）

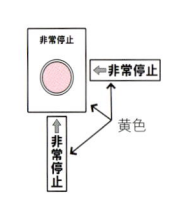

(5) 機械の周囲に安全マーキング
　　（表示例は P11、P14）
　　※文字表示は少数に限定

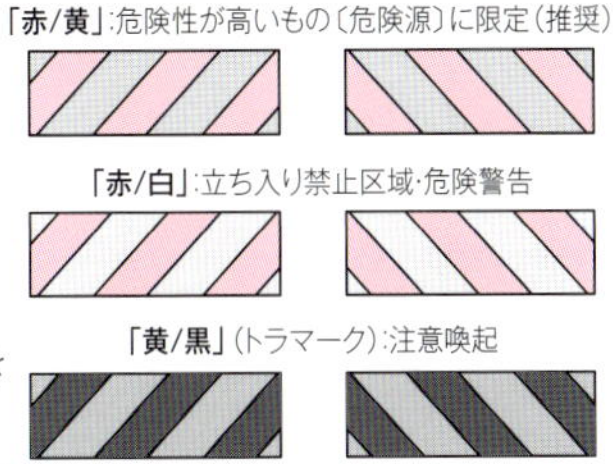

「赤/黄」:危険性が高いもの（危険源）に限定（推奨）

「赤/白」:立ち入り禁止区域・危険警告

(6) 場内通行者の安全通路の確保
　　床表示→安全柵を設置
(7) 適正な保護具
　　①保護帽、軽作業帽、ライナー付き
　　　布帽子

「黄/黒」(トラマーク):注意喚起

　　　※点検者・保全作業者は、ヘッドランプ付き保護帽を着用（**ハンズフリー**で照度を確保）

〔注意〕黄色と赤色は紫外線等で劣化（変色）しやすいので、定期的に塗布等が必要

　　②保護めがね・防災面
　　　（粉じん・切粉の飛来を防ぐ）
　　③作業服：長袖・長ズボン
　　④保護手袋：一般作業用の人工皮革手袋
　　　が基本
　　　※ただし、ボール盤等の回転する刃物に巻き込まれるおそれがある作業は**手袋の使用禁止**。〔安衛則第111条〕
　　⑤安全靴：一般作業用の甲部補強の短靴・
　　　半長靴
　　⑥防護衣：**携帯式の機械が下肢に接触する**おそれがあるときは**チャップス型**が
　　　有効（K 参照）

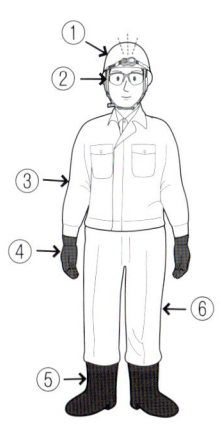

(8) 機械作業の現場教育を実施
　　三現主義（現場・現物・現実的）の教育
　　教育受講者は**適正な保護具を着用**し、安全柵の外で受講
(9) 作業手順書の整備
　　安全な作業方法に見合った、具体的な内容とする。
(10) 切粉・粉じんなどが眼球に当たった場合は、早急に**緊急シャワーで洗い、直ちに医師の診察**を受ける

Ⅱ 災害事例と対策

E 中型旋盤の災害と対策

中型旋盤の主軸台のチャックに加工物を設置した後、チャックハンドルを外さずに起動したため、チャックハンドルに袖口が引っ掛かり、上肢を巻き込まれた。

【災害の主な要因】
(1)主軸台のチャックにチャックハンドルを装着したままでも起動できた。
(2)旋盤の可動部に接触できる位置に人がいても起動できた。
(3)作業服の袖口ボタンを留めていなかった。

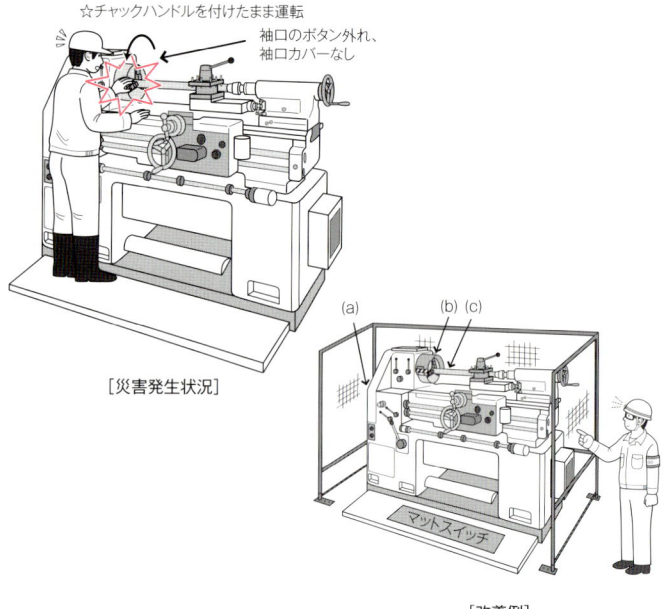

［災害発生状況］

［改善例］

☆再発防止策

(1)インターロック付き**チャックハンドル受け**(a)を設置する。
(2)腰の高さの安全バー、もしくはマットスイッチを危険箇所に設置する。
(3)**チャックカバー**(b)を設置して、チャックハンドルを付けた状態では起動できなくする。
(4)袖口カバーの装着等、適正な作業服の着用を遵守させる。

(a)インターロック付き　　　(b)チャック　　　　　(c)切粉飛散
　　チャックハンドル受け(例)　　カバー(例)　　　　　　防止カバー(例)

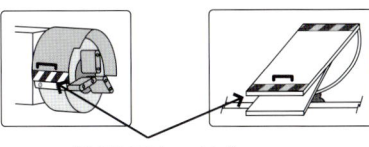

「黄/黒」の安全マーキング

【中型旋盤の禁止事項と安全対策】
☆リスクが高い機械なので、複数の設備対策を施し、適正な保護具を着用し作業を行う。

(1) チャックハンドルをチャックに付けた状態で起動。
　　⇒インターロック付きチャックハンドル受けを設置。
(2) 主軸台の上に工具などを置く。
　　⇒①機械の側面に工具台を配置。
　　　②少量の場合は主軸台上にすべり止めをしたトレーに入れる。
(3) 切粉の飛散防護をせず作業
　　⇒①切粉飛散防止カバー（c）を設置。
　　　②隣接する安全通路間に高さ2m程度の**パーティション**を設置
　　　（立入禁止措置にもなる）。

F　卓上ボール盤の災害と対策

●災害1　卓上ボール盤で加工物の穴開けをしていたとき、ドリルに多数の切粉が絡まったので、軍手をした左手で取ろうとしてドリルに上肢が巻き込まれた。

【災害1の主な要因】
(1) 軍手を着用していた。
(2) 適正な作業方法の注意喚起の表示がなかった。

☆災害1の再発防止策
(1) 穴開け作業での手袋の使用は禁止。
　　（なお、ドリル交換時は電源を切り、切創防止のため皮手袋を着用）
(2) 近傍に適正な作業方法を図示。

●災害2　飛散した切粉が作業者および通行者の目に飛来。

【災害2の主な要因】
(1) ボール盤の周囲が空いていて切粉の飛散を防げなかった。
(2) 作業者・通行者が保護具を着用していなかった。

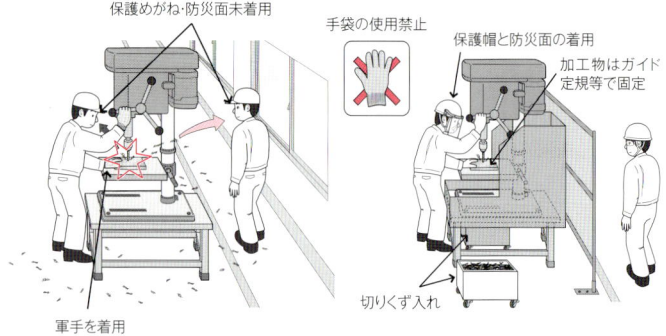

［災害1、2の発生状況］　　　　［改善例］

☆災害2の再発防止策
(1) ボール盤の周囲（背面と側面）に切粉飛散防止用の防護板を設置する。
〔安衛則第106条（切削屑の飛来等による危険の防止）〕
(2) 保護めがね（作業者・通行者）、防災面（作業者）の着用を遵守させる。

● 災害3　ボール盤を作業台に置いて加工物の穴開けをしていたとき、振動でテーブル上のマシン万力とボール盤が転倒して床面に落ち、足甲に激突。

【災害3の主な要因】
(1) ボール盤を作業台に固定していなかった。
(2) 運動靴を着用していた。

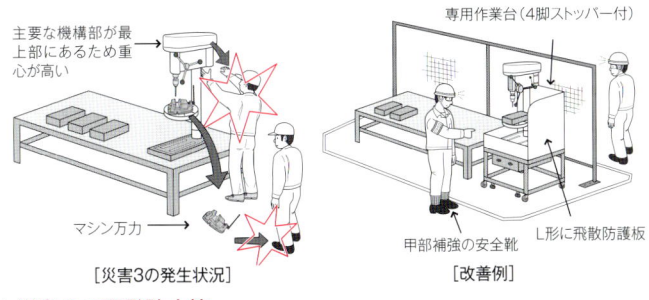

［災害3の発生状況］　　［改善例］

☆災害3の再発防止策
(1) ボール盤は堅固な作業台にボルトで固定。
(2) 甲部補強の安全靴を着用。

・・

【厳禁】
・回転する刃物に巻き込まれる危険性がある作業での手袋の使用
〔安衛則第111条（手袋の使用禁止）〕。
・卓上式機械を固定せずに設置。

G フライス盤の災害と対策

フライス削り中に、加工物に顔を近づけて仕上がり具合を見ていたとき、飛散した切粉が顔面に当たった。

【災害の主な要因】
(1) 切粉飛散防止カバーがなかった。
(2) 防災面・保護めがねを着用していなかった。

【その他の不安全要因】
(1) マットスイッチ等はなく、非常停止ボタンは識別不良で、側面からも見づらかった。
(2) 機械の両側面に、人が自由に近づける状態だった。

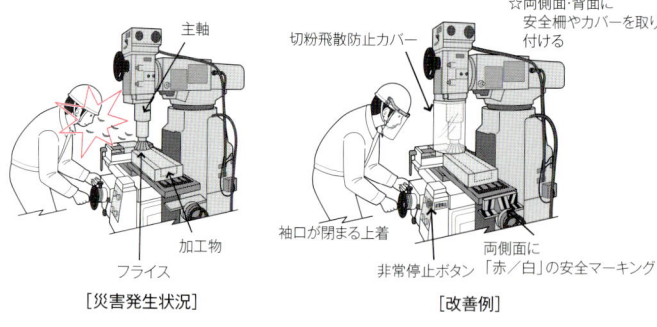

[災害発生状況]　　　　　　　　[改善例]

☆再発防止策
(1) 切粉飛散防止カバーを設置。(ポリカーボネート等)
(2) 防災面を着用。
　※保護めがねは視野が狭い。

☆その他の安全対策
(1) マットスイッチ等を設置する。非常停止ボタンは黄色地に赤色のきのこ型ボタンとし、側面からも見やすくする。
(2) **機械の両側面に安全柵を設ける。最低減警告表示をする。(「赤/白」の安全マーキング等)**

H　ロール機の災害と対策

ロール機をスロー回転させながら、両手で雑巾を当てて前傾姿勢で清掃をしていて、上肢をロールに巻き込まれた。

【災害の主な要因】
(1) 清掃時の運転制御モードが「連続運転」状態だった。
(2) 清掃用治具を使用しなかった。
(3) 作業姿勢が不安定だった。
(4) 急停止装置等はなく、非常停止ボタンは離れた位置にあった。

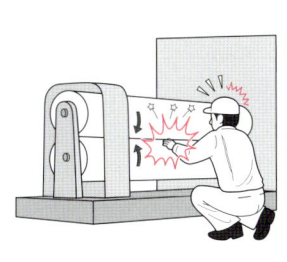

[災害発生状況]

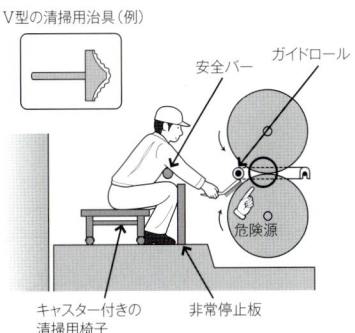

[改善例]

☆再発防止策
(1) ガイドロールを設置。
(2) 清掃時の運転制御モードは「停止」または「単独運転」[※]とし、手押しタイプのロール回転スイッチを使用。(手を離せばすぐに回転が停止するスイッチを採用する。)
   停止状態での清掃が望ましい。
(3) 専用の清掃用治具を使用。
(4) 専用の清掃用椅子を使用。
(5) 非常停止板などの急停止装置を設置。

※各機械ごとに別々の電動機と制御回路を設けて、各機械を単独で運転できるようにした運転方式。

I 小型プレス機械の災害と対策

小型プレス機械の正面で加工をしていたとき、金型の汚れを手で払おうと側面から手を入れて指4本をはさまれた。

【災害の主な要因】
(1) プレス機械の両側面が空いていた。
(2) 容易にプレス機械の危険部に近づけた。

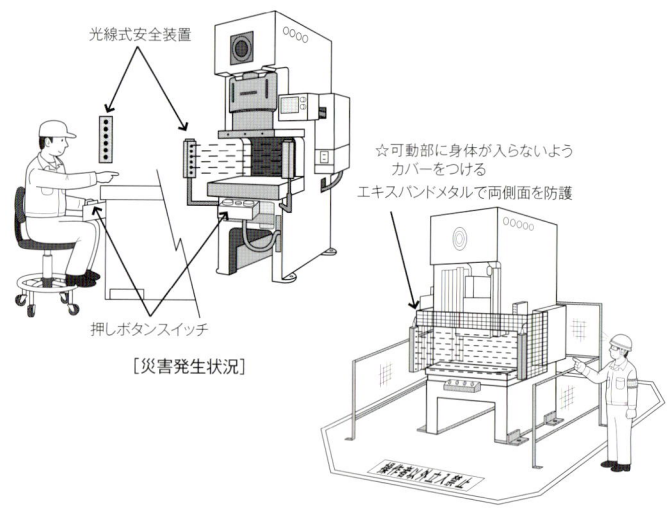

[災害発生状況]

[改善例]

☆再発防止策
(1) 「ノーハンド・イン・ダイ」のプレス機械を採用。
(2) プレス機械の両側面等に安全囲いを設置。
(3) プレス機械の可動部から安全距離を確保した位置に安全柵を設置。
(4) プレス機械の側面にイラスト付きの遵守事項を貼る。

【プレス機械に対する安全措置】

(1) 安全対策の基本は「ノーハンド・イン・ダイ」

ノーハンド・イン・ダイ（安衛則第131条第1項本文に適合するプレス）
危険限界に手を入れようとしても手が入らない方式と、入れる必要がない方式がある。

安全囲い	安全囲いが設けられ、身体の一部が危険限界に入らないようになっているもの
安全型	身体の一部が危険限界に入らない金型（すきまが6mm以下）を取り付けたもの
専用プレス	特定の加工物のみを加工し、安全囲い、安全型が組み込まれたもの
自動プレス	材料の供給および製品の取り出しが自動的にできるようになっており、プレス作業者等を危険限界に立ち入らせない等の措置を講じたもの

ハンド・イン・ダイ（安衛則第131条第1項のただし書きに適合するプレス）
危険限界に手などが入る可能性がある構造の安全プレス

インターロックガード式	スライドの作動中に身体の一部が危険限界に入らないもの
制御機能付き光線式安全装置（PSDI式）	身体の一部が危険限界に近づけば急停止するもの
両手操作式	起動操作に両手を要し、押しボタンから離れた手が危険限界に入るまでに急停止するもの

※プレス作業者安全必携（中災防）より一部引用

(2) プレス機械の金型の取付け、取外しなどの作業では、スライドとボルスターとの間に安全ブロックを挿入する等、スライドが不意に下降することのないようにする。（安衛則第131条の2）

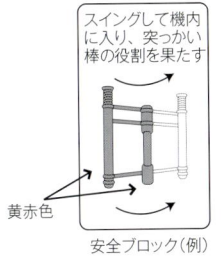

安全ブロック（例）

※プレス機械に関わる他の安衛則については「Ⅲ 資料編」に記載

J 両頭グラインダの災害と対策

両頭グラインダに顔を近づけ、ワークレストに加工物を載せてといしの側面で削っていたので、といしが欠損して喉に激突した。

【災害の主な要因】
(1) 調整片が外してあった。
(2) といしの側面使用ができる状態になっていた。
(3) 防災面を着用していなかった。

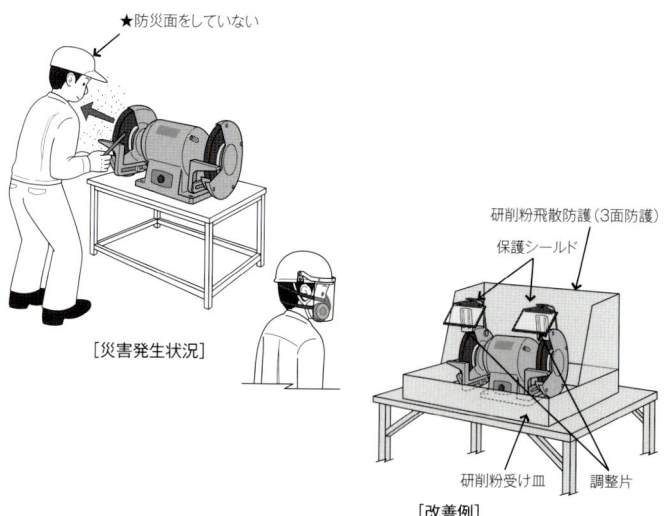

[災害発生状況]

[改善例]

☆再発防止策
(1) 調整片を設置し、といしとの間隔を 10mm 以下にする。これに加えて保護シールドの設置が望ましい。なお、ワークレストとといしの間隔は 3mm 以下にする。
(2) 側面使用ができないように側面防護板を設置（推奨）。
(3) 防災面を着用。

【研削といしの関係法令】
(1) 安衛則
(a) 特別教育を必要とする業務：
　　研削といしの取替え又は取替え時の試運転の業務（第36条第1号）
　　〔根拠条文：安衛法第59条第3項〕
(b) 研削といしの覆い（直径50mm以上）（第117条）
　　〔根拠条文：安衛法第20条第1号〕
(c) 研削といしの試運転：
　　作業開始前に1分間以上、研削といしの取り替え時に3分間以上（第118条）
　　〔根拠条文：安衛法第20条第1号〕
(d) 研削といしの側面使用の禁止（第120条）
　　〔根拠条文：安衛法第20条第1号〕

(2) 研削盤等構造規格
(e) 研削といしと調整片の間隔は 10mm以下 に調整（第28条）
(f) といしとワークレストの間隔は 3mm以下 に調整（第5条）

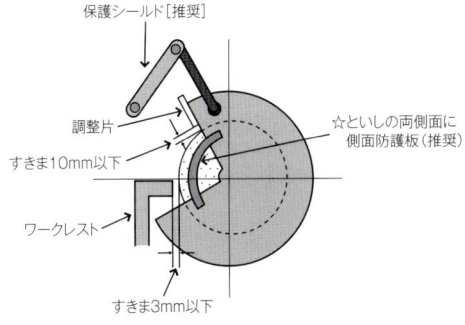

K 携帯用グラインダの災害と対策

携帯用グラインダで作業台上の鉄板のさび落とし中、バランスを崩し、グラインダが反ばつして右足の大腿部に当たり多量に出血した。

【災害の主な要因】
(1) 適切な防護衣を着用していなかった。
(2) **といし覆い・補助ハンドルがないグラインダ**を片手で操作していた。
(3) さび落としに金属切断用のディスクを使用していた。

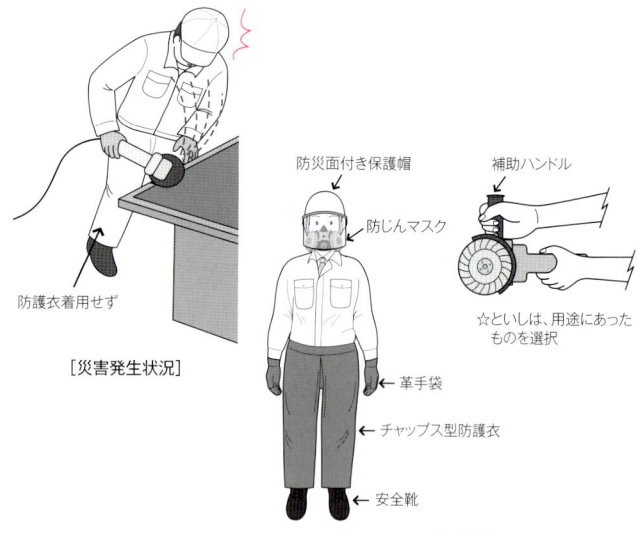

☆再発防止策
(1) **チャップス型防護衣**を着用。
(2) **といし覆い・補助ハンドル付き**のグラインダを使用。
(3) さび落とし用のディスク、またはブラシを使用。

L 高速切断機の災害と対策

単管パイプを可搬型高速切断機の万力に固定して切断していたとき、切断したパイプが反ばつして顔面に激突。

【災害の主な要因】
(1) 凹凸のある床面に切断機を設置していた。
(2) 長い単管パイプの端部が不安定だった。
(3) 保護帽・防災面を着用していなかった。

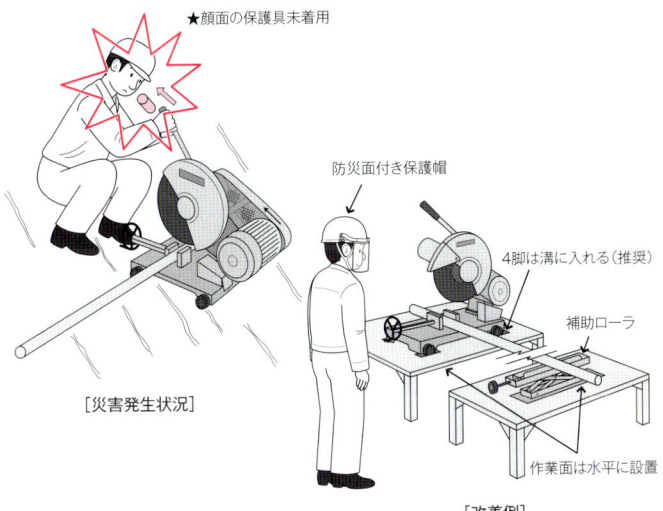

[災害発生状況]

[改善例]

☆再発防止策
(1) 切断機は高さ50cm以下の作業台上に設置。
(2) 切断機と同一断面上に補助ローラを設置し、パイプを水平な状態に保持。
(3) 保護帽・防災面を着用。

M 中型バンドソーの災害と対策

バンドソー(帯のこ盤)で合板のひき割り作業を行っていたとき、手が滑って**のこ歯に接触し右手の親指を切り落とした。**

【災害の主な要因】
 (1) のこ歯がむき出しだった。
 (2) テーブル上に加工物のガイドとなる定規を設置しなかった。
 (3) テーブルが低く、深い前かがみの姿勢で合板の両側を支えていた。

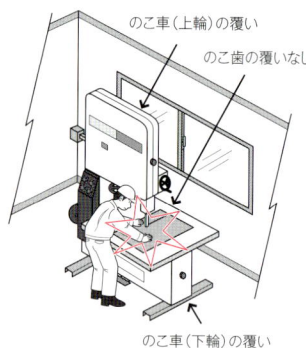

［災害発生状況］

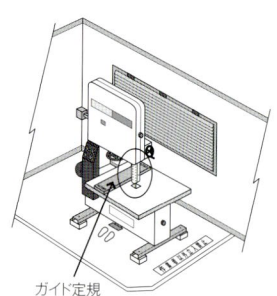

［改善例］

☆再発防止策

 (1) のこ歯の覆いを設置する。加工物上面とのこ歯の覆いのすきまは、指が入らない寸法にする。(P8参照)
 (2) テーブル上にガイド定規を設置。
 (3) テーブル高は70～80cm程度で、浅い前かがみの姿勢になるように調整。

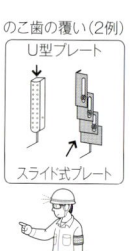

N 携帯用丸のこ盤の災害と対策

角材に載せた杉板を左足で押さえ、携帯用丸のこ盤を持って切断していたとき、のこ歯が杉板の節に当たってはね、**左足の大腿部に接触し多量に出血**した。

【災害の主な要因】
(1) 固定覆いを移動覆いに固定していたので、覆いが機能しなかった。
(2) 杉板の節の状態や釘の有無を確認しなかった。
(3) 杉板を固定せず、左足で押さえていた。

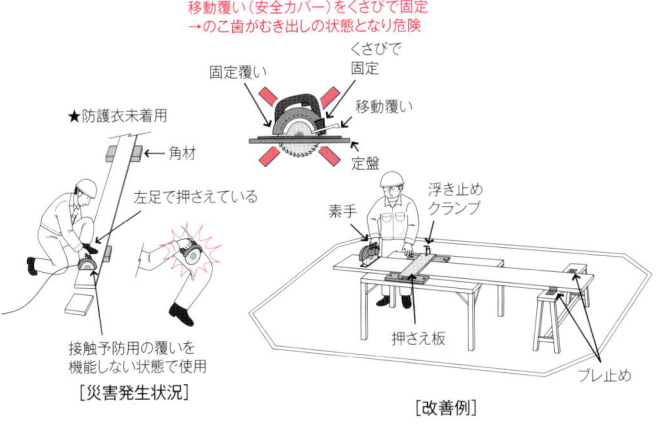

[災害発生状況]　　　　　　　　　　　　[改善例]

☆再発防止策
(1) 移動覆いは常に機能する状態とする。
(2) 事前に目視で杉板の釘や節の状態を確認し、釘があれば引き抜く。
(3) チャップス型防護衣を着用。
(4) 浅い前かがみの姿勢で作業を行う。
(5) 杉板は作業台の上にブレ止め等で固定。

Ⅲ 資料編

０ 機械に関わる主な安衛則

第2編〔安全基準〕第1章

☆以下の危険防止の基準は多数の労働者が被災した実例をもとに作られた基準である。

第1節　一般基準
あらゆる機械による危険を防止するための一般基準
① 原動機、回転軸等による危険の防止　〔第101条〕
② ベルトの切断による危険の防止　〔第102条〕
③ 動力しゃ断装置と運転開始の合図　〔第103条・第104条〕
④ 加工物等と切削屑の飛来等による危険の防止　〔第105条・第106条〕
⑤ 掃除等の場合の運転停止等　〔第107条〕
⑥ 刃部のそうじ等の場合の運転停止等　〔第108条〕
⑦ ストローク端の覆い等　〔第108条の2〕
⑧ 巻取りロール等の危険の防止　〔第109条〕
⑨ 作業帽等の着用と手袋の使用禁止　〔第110条・第111条〕

第2節　工作機械
第3節以降で規定している機械以外の機械の安全基準
① 突出した加工物の覆い等　〔第113条〕
② 帯のこ盤の歯等の覆い等　〔第114条〕
③ 丸のこ盤の歯の接触予防装置　〔第115条〕
④ 立旋盤等のテーブルへのとう乗の禁止　〔第116条〕
⑤ 研削といしの覆いと試運転　〔第117条・第118条〕
⑥ 研削といしの最高使用周速度をこえる使用の禁止　〔第119条〕
⑦ 研削といしの側面使用の禁止　〔第120条〕
⑧ バフの覆い　〔第121条〕

第3節　木材加工用機械
切削工具に手・指が接触する、あるいは加工中の材が反ぱつ・逆走して身体に飛来・激突するものが多い。
① 丸のこ盤の反ぱつ予防装置　〔第122条〕
② 丸のこ盤の歯の接触予防装置　〔第123条〕
③ 帯のこ盤の歯及びのこ車の覆い等　〔第124条〕
④ 帯のこ盤の送りローラーの覆い等　〔第125条〕
⑤ 手押しかんな盤の刃の接触予防装置　〔第126条〕
⑥ 面取り盤の刃の接触予防装置　〔第127条〕
⑦ 立入禁止　〔第128条〕
⑧ 木材加工用機械作業主任者の選任と職務　〔第129条・第130条〕

第3節の2　食品加工用機械

(略)

第4節　プレス機械及びシャー

下降するスライド、あるいは刃により手・指が挟まれ、後遺障害を伴う重篤災害となることが多い。

① プレス等による危険の防止　　〔第131条〕
② スライドの下降による危険の防止　　〔第131条の2〕
③ 金型の調整　　〔第131条の3〕
④ クラッチ等の機能の保持　　〔第132条〕
⑤ プレス機械作業主任者の選任と職務　　〔第133条・第134条〕
　　プレス機械が5台以上ある時は、技能講習修了者を選任
⑥ 切替えキースイッチのキーの保管等　　〔第134条の2〕
⑦ 定期自主検査と記録　　〔第134条の3・第135条・第135条の2〕
⑧ 特定自主検査　　〔第135条の3〕
⑨ 作業開始前の点検とプレス等の補修　　〔第136条・第137条〕

第5節　遠心機械

(略)

第6節　粉砕機及び混合機

(略)

第7節　ロール機等

ロール機等への接触、あるいは巻き込まれ等の危険を防止するための措置を規定

① 紙等を通すロール機の囲い等　　〔第144条〕
② 織機のシャットルガード　　〔第145条〕
③ 伸線機の引抜きブロック等の覆い等　　〔第146条〕
④ 射出成形機等による危険の防止　　〔第147条〕
⑤ 扇風機による危険の防止　　〔第148条〕

第8節　高速回転体

(略)

第9節　産業用ロボット

(略)

参考資料：
(a) 「新・産業安全ハンドブック」（中災防）
(b) 「安全衛生用語辞典」（中災防）
(c) 「安全衛生法令要覧」（中災防）
(d) 「プレス作業者安全必携」（中災防）
(e) 福田力也著「工作機械入門」（理工学社）
(f) 「木材加工用機械作業の安全」（林災防）

執　　筆：	中野洋一　労働安全コンサルタント
	中災防安全衛生エキスパート（元中災防安全管理士）
協　　力：	多摩美術大学　メディアセンター

デザイン：（株）ジェイアイ
イラスト：高橋晴美

安全確認ポケットブック　工作・加工機械の災害の防止

平成27年9月3日　第1版第1刷発行

　　　　編　者　　中央労働災害防止協会
　　　　発行者　　阿部　研二
　　　　発行所　　中央労働災害防止協会
　　　　　　　　　〒108-0014　東京都港区芝5－35－1
　　　　　　　　　TEL　　＜販売＞03-3452-6401
　　　　　　　　　　　　　＜編集＞03-3452-6209
　　　　　　　　　ホームページ　http://www.jisha.or.jp/
　　　　印　刷　　（株）日本制作センター

©JISHA 2015

乱丁・落丁本はお取替えします。

21423-0101　定価（本体280円＋税）
ISBN978-4-8059-1631-5　C3060　¥280E

本書の内容は著作権法によって保護されています。
本書の全部または一部を複写（コピー）、複製、転載
すること（電子媒体への加工を含む）を禁じます。